Z 38902

Paris
1704

Lelevel, Henri

Lettres sur les sciences et les arts

janvier

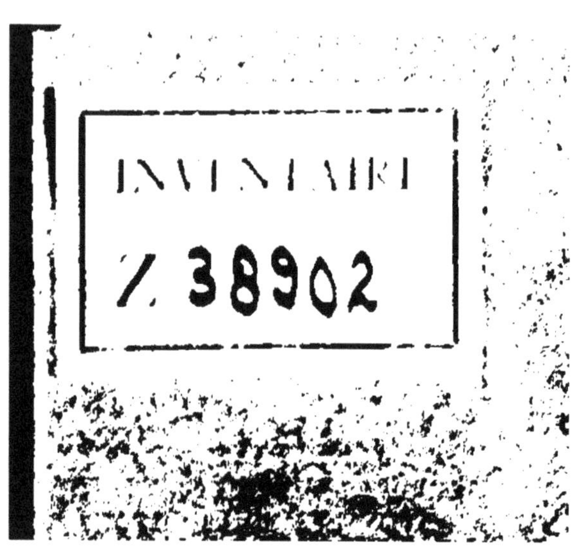

LETTRES

SUR

LES SCIENCES

ET SUR

LES ARTS

A PARIS,

Chez JEAN RICOEUR, Quay
des Augustins, à l'Image Saint
Augustin.

M. DCC. IV.

AVEC PERMISSION.

LETTRES

SUR

LES SCIENCES

ET SUR

LES ARTS.

❖❖❖❖❖❖❖❖❖❖❖❖❖❖❖❖❖❖

I. LETTRE.

Sur la nature & l'usage de l'Eloquence.

VOICY bien des dissertations sur l'Eloquence, Monsieur. Les uns la condamnent comme une peste publique ; les autres en font toute la force & toute la beauté de l'esprit.

A

Tous, si je ne me trompe, manquent
également d'exactitude dans leurs
idées.

La Rhetorique, non plus que la
Dialectique, n'est point une science
particuliere ; c'est la methode d'é-
tendre & de figurer des raisonnemens, comme la Dialectique est la
methode de les former & de les ar-
ranger : elles dépendent l'une & l'autre des notions qui regardent la morale & toute la vie humaine. Remplissez un esprit de toutes les regles
de la Dialectique, elles seront en lui
sans effet, s'il ignore ce qui regarde
l'homme en particulier, & la nature
en general. En vain l'on prétendroit
raisonner sur ce que l'on ne connoît
pas exactement. Remplissez ce même
esprit de tous les preceptes de la Rhetorique, il ne pourra les mettre en
œuvre, s'il n'a des notions distinctes
qu'il puisse étendre & representer sous
des mouvemens affectifs & sous des
images vives. Il fera des figures, mais
il ne raisonnera pas ; il employera des
termes & des expressions, mais elles

n'exprimeront rien de tout ce que demande l'entendement ; ses discours seront des cadavres d'éloquence, un pur langage de sophiste.

C'est cet abus si frequent dans le monde qu'apparemment l'on a voulu condamner en censurant l'Eloquence. Les censeurs voyent tous les jours une foule d'hommes hardis prêcher pompeusement la Religion & la morale ; ils s'apperçoivent que tant d'Orateurs n'ont point de notions distinctes sur les sciences dont ils discourent ; que dans un sujet ils en amenent plusieurs autres ; qu'ils font des preuves de nouvelles difficultez ; qu'ils s'évaporent en exagerations hors d'œuvre. Ils les regardent comme d'importuns declamateurs ; ils les plaignent comme des esprits vuides, qui font parade d'une vaine écorce ; ils plaignent de même les auditeurs qui sont éblouïs & entraînez par de simples mouvemens, par des figures & des images sous lesquelles il n'y a rien de réel ; ils préferent des veritez toutes nuës, ou exposées avec simplicité, à ce ma-

siége qui ne sert qu'à couvrir une profonde ignorance , & qui ne contri-
buë en rien à perfectionner l'esprit
& à reformer les mœurs : en un mot
ils veulent , quoi qu'ils ne s'en expli-
quent pas nettement , que l'Orateur
soit un Philosophe instruit en toutes
sortes de matieres , rempli d'idées distinctes sur toutes sortes de sujets , &
qui connoisse si bien l'homme , qu'il
ne manque jamais de lui faire sentir
la solidité du bon parti , de l'éclairer
& de l'instruire. Jusques-là ils n'ont
pas tort. Mais il s'agit de déterminer
quelles mesures doit prendre le Philosophe pour persuader & faire goûter la verité à toutes sortes de per-
sonnes.

Pendant qu'il ne parle qu'à des
hommes qui veulent étudier par principes , & démêler les idées pures
d'avec les idées confuses, le réel d'a-
vec les phantômes de l'imagination ,
il ne doit raisonner que de la maniere
la plus simple. Toutes ses demons-
trations doivent être serrées , il doit
tout reduire sous la forme syllogisti-

que. C'est le goût de ceux qui cher-
chent la science ; on ne les contente
point, & on ne les éclaire point par
une autre voye.

Mais s'il doit parler à un peuple,
qui d'ordinaire ne fait usage que de
ses sens, & qui ne trouve point de
prise sur les notions pures de l'esprit;
c'est alors qu'il doit étendre ses raisonnemens, & les revêtir de mille
images sensibles : il doit choisir &
figurer les termes ; il doit donner
mille tours differens à ses expressions;
il doit enrichir de similitudes & de
comparaisons tout ce qui fait la force
de son discours ; il doit le soûtenir
par une suite de mouvemens reglez.
C'est là que l'on découvre le naturel
de l'Eloquence & les qualitez de l'O-
rateur. La matiere bien prise, & les
principes bien établis amenent natu-
rellement les figures & l'action; mais
il faut qu'il soit aidé de la fecondité
du genie & d'une imagination brillante : il faut qu'il soit encore aidé
de l'experience qui doit lui avoir appris le caractere dominant dans ceux

à qui il porte la parole. Car c'est par cette connoissance qu'il prend les formes necessaires pour gagner les esprits, & qu'il sçait réveiller à propos ces traces principales, d'où dépend une infinité d'autres traces qu'on appelle *accessoires*, dont le renouvellement produit tous les grands effets qu'on attribuë à l'Eloquence. C'est même en cela que consiste toute la delicatesse de l'art, qui par cette raison suppose la connoissance de la Physique.

Qui pourroit nier que tout cet appareil est necessaire pour gagner & pour convaincre la multitude ? Mais qui peut nier aussi qu'il demande dans l'Orateur la connoissance distincte des veritez, la solidité des principes, la force du raisonnement ? Et qui peut nier que tout cela ne soit la suite d'une Philosophie exacte, & qui s'étend à tout ? Sans cette Philosophie, où est l'Orateur qui puisse être persuadé de ce qu'il debite ? & s'il n'est pas persuadé, comment pourroit-il persuader les autres ?

Remarquez bien ceci : l'on ne persuade d'une conviction interieure &
effective qu'autant que l'on est persuadé soi-même. L'on ne peut être
persuadé intimement qu'autant que la
raison force l'esprit. Donc l'on ne
persuade en effet qu'autant que l'on
raisonne solidement, & que le difcours coule de source & d'un cœur
entierement penetré. L'auditeur ne
distinguera pas la force des raisons,
mais il la sentira. La beauté des figures, la grandeur des mouvemens,
la justesse des comparaisons le ren-
dront appliqué ; mais ce sera la verité qui l'enlevera. Posez le même
tour, les mêmes figures, les mêmes
mouvemens ; ôtez la verité & la force des preuves, l'auditeur demeurera
sans conviction. Peut-être dira-t-il
qu'il est persuadé : mais dans le fonds
il ne le sera pas, il sentira qu'il est
seulement ébranlé ; la suite le mani-
festera.

Voici donc d'où dépend le difcer-
nement de l'Eloquence. La vraie Eloquence, celle qui est fondée en rai-

fonnemens folides, produit toûjours
de bons effets. La fauffe Eloquence,
qui n'eft qu'un affemblage de mots &
de figures, ne produit que de l'illu-
fion ; elle laiffe toûjours l'efprit dans
les tenebres, & le cœur dans le dé-
reglement.

C'eft en gros ce que je puis vous
dire fur cette matiere ; tout fe reduit
là. L'Orateur eft un Philofophe qui
étend & embellit fes raifonnemens.
Ainfi banniffons l'Orateur qui n'a
pas commencé par la Philofophie, &
qui ne la cultive pas par des medita-
tions continuelles. C'eft un temeraire
qui ne parle qu'au hazard : c'eft un
fuperbe qui fe donne pour maître,
& qui n'a pas encore commencé d'ê-
tre difciple ; c'eft un imbecile qui
prend l'écorce pour la verité, & ce
qui brille à l'imagination, pour ce
qui eft folide à l'efprit. Qu'il fe dé-
chaîne tant qu'il lui plaira contre la
Philofophie, qu'il faffe le boufon
fur les fauffes idées qu'il s'en eft faites, & fur les queftions où il n'entend rien ; c'eft un perfonnage digne

de lui. Il sera toûjours vray que son éloquence dépourvûë de Philosophie n'est qu'une puerilité, & que c'est précisément parce qu'il n'est pas Philosophe, qu'il est impuissant Orateur. Je suis, &c.

II. LETTRE.

Sur les idées d'où dépend la veritable Eloquence.

JE vous ai dit, Monsieur, qu'il ne faut point d'éloquence, ni de brillant pour ceux qui demandent qu'on les conduise par des principes clairs & de justes consequences. L'Eloquence pour eux est dans la précision, dans les justes rapports, dans la liaison necessaire de la consequence au principe.

Quelques Auteurs ont dit que le bel art des Orateurs est comme un prestige, qui aveugle, affoiblit, enchaîne l'esprit, & en retrecit la capacité. C'eſt qu'en effet un eſprit qui eſt empêché de rechercher les rapports de ſon objet, eſt comme reſſerré dans des bornes fort étroites ; & c'eſt ce qui arrive aux plus excellens Philoſophes. Plus ils ont de diſpoſition à raiſonner exactement, & à diſcerner ce qui eſt exactement vray, moins ils ſe reconnoiſſent dans un étalage pompeux, parce que leur attention, d'où dépend l'exactitude du diſcernement, ſe trouve interrompuë.

Une foy vive & une ardente charité font encore dédaigner l'Eloquence dans ce qui regarde la Religion. Les hommes détachez du monde ſouſfrent avec peine des beautez empruntées ſur des veritez plus belles pour eux que toutes les graces de la nature & de l'art : ils ne demandent qu'une expoſition ſimple des merveilles de la Providence ; de la grandeur des myſteres ; de la ſurabondance des miſericordes éternelles : ils trouvent l'Eloquence dans la ſimplicité, dans l'excluſion de tout ce qui brille : s'ils admettent des images dans le discours, ce sont celles dont Dieu lui-même est l'auteur ; celles qui sont l'ouvrage des hommes, leur paroissent étrangeres.

Mais comme il appartient à de tels hommes, instruits par une meditation profonde des veritez essentielles, d'instruire ceux qui n'ont pas les connoissances necessaires pour discerner le bon chemin ; ils doivent aussi employer pour les autres ce qu'ils ne demandent pas pour eux-mêmes. Ils sont Philosophes chrétiens ; cela suffit pour eux & pour ceux qui leur ressemblent : mais ils doivent être quelque chose de plus pour la multitude, pour le commun des hommes toûjours entraînez par le mauvais exemple, toûjours dissipez par les soins de la vie, toûjours occupez des biens temporels.

L'état de peuple est une source d'infirmitez. Des esprits abaissez par tant de travaux serviles ne peuvent pas s'élever aux idées pures ; en vain on leur propose ce qui est abstrait ; comme ils sont assujettis aux sens & à l'ima-

gination, ils vous affujettiffent auffi
à rendre fenfibles les idées que vous
leur propofez ; & cette fenfibilité dépend de mouvemens, de tropes, de
figures dont les idées font revêtuës.

Les idées pures fe prefentent à l'efprit en confequence d'une ferieufe re-
flexion : les idées fenfibles faififfent
l'ame en confequence des impreffions
faites fur le cerveau ; elles ne vont
point directement à l'intelligence,
elles font comme un circuit pour y
arriver ; elles paffent, pour ainfi dire,
par l'imagination ; ce font des images
& des idées tout enfemble : jonction
d'images aux idées fi neceffaire, que
fans elle l'efprit vulgaire ne recevroit
aucune idée, & n'admettroit aucune
verité capitale.

Mais vous voyez que la Providence ne nous manque pas au befoin,
puifque dans la dépendance du fentiment où font les hommes, elle tire
du fentiment même les moyens de les
attacher au vray, & de leur faire fuivre la juftice. Conduits par cette
voye, ils ne comparent pas les veri-

tez entre elles ; mais le point est d'ê-
tre convaincu, de goûter la vertu
chrétienne, de la preferer à tous les
biens de la terre ; & il n'y a que le
Philosophe, le Philosophe chrétien,
dont l'éloquence puisse convaincre,
& rendre la vertu aimable.

Peut-être y a-t-il des Philosophes,
qui tout munis qu'ils sont de dialectique, & des notions necessaires pour
raisonner exactement sur des matieres
importantes, ne peuvent pas revêtir
leurs pensées d'une maniere agreable-
ment sensible. Que ceux-là demeu-
rent dans leurs bornes ; qu'ils n'en-
trent en matiere qu'avec ceux qui veulent devenir Philosophes, & qui demandent des raisonnemens de la plus
rigoureuse exactitude. Mais il est toûjours certain qu'un Philosophe exact,
exercé dans tout ce que la Philosophie embrasse, conduit par de justes
notions, & d'ailleurs d'une heureuse
constitution dans le sang & dans le
cerveau, non seulement trouvera matiere abondante sur toutes sortes de
sujets ; mais encore que tous les tro-

pes, toutes les figures, toute l'élé-
gance, toutes les images propres à
gagner le vulgaire, couleront natu-
rellement de son genie ; elles en couleront, dis-je, pendant que le non
Philosophe avec l'imagination la plus
fertile & la plus brillante, se donnera
la torture pour assembler des mots,
& après bien des fatigues ne trouvera
que le secret de parler à l'imagination, & point du tout ni à l'esprit
ni au cœur, c'est-à-dire, de parler en
l'air, & toûjours sans effet.

Cependant où sont ceux qui pour
discourir sur les plus hautes veritez,
font provision d'autre chose que de
notions confuses & de tours d'imagination ? Tout marque dans les Orateurs ordinaires que l'avantage qu'ils
ont au dessus du peuple, est dans l'i-
maginative ; & comme ils ne débitent
que ce que tout le monde sçait comme
eux, & simplement par oüi-dire, aussi
laissent-ils toûjours le monde dans ses
tenebres ; chacun suit toûjours les
préjugez de la vie.

Combien en voyons-nous même qui

dans la confusion de leurs idées par-
lent confusément pour le vice & pour
la vertu , qui préconisent l'orgueil
avec l'Evangile , & bien-tôt après au-
torisent la volupté ? La convenance
de leur langage avec le goût des hommes d'imagination , dont le nombre
est infini , les fait regarder comme des
hommes du premier ordre ; mais il
n'en est pas moins vray que ce sont
des hommes vulgaires , qui ne tire-
ront jamais l'esprit de ses incertitudes
naturelles.

J'ai dit , il est vray , qu'on ne peut
instruire & gagner le peuple que par
la voye des idées sensibles : mais il y
a bien de la difference entre les idées
sensibles que donne au peuple un Orateur veritablement Philosophe , &
celles que lui donne un Poëte ou un
Rheteur. Celui-ci ne tirant tout ce
qu'il dit que de l'imagination & des
opinions communes , s'arrête à l'imagination , & ne passe jamais au de-là.
Tous ceux qui l'écoutent , ou qui le
lisent , n'en deviennent ni meilleurs ,
ni plus instruits ; c'est toûjours l'opi-

nion qui regne, la verité ne s'établit point. Mais le Philofophe toûjours conduit par l'intelligence, toûjours formant fes raifonnemens des idées les plus juftes de la raifon, donnant par ce moyen aux grandes veritez toute leur étenduë, & les mettant dans tout leur jour, penetre jufques à l'intelligence de fes auditeurs, y porte une lumiere qui les inquiete dans le mal, & qui leur fait goûter le bien. Ils ne paroiffent plus ce qu'ils étoient, on les trouve tout changez, non pas pour un moment, mais conftamment; ils font confus de leurs premieres difpofitions, ils ne veulent que ce qu'a conclu l'Orateur. C'eft l'effet certain de la veritable Eloquence; tout difcours oratoire qui ne produit pas cet effet, fur tout quand il s'agit des mœurs & de la pieté, eft un difcours de Rheteur qui declame fans s'entendre. Je fuis, &c.

III. LET-

III. LETTRE.

De la science, & de ses effets dans l'Eloquence.

VOus sçavez, Monsieur, que plusieurs font consister la science dans un amas de faits & de passages d'Auteurs, établis dans une tête. C'est en avoir une fausse idée : la science consiste dans un droit acquis sur toutes les matieres, & dans la facilité de les traiter par principes.

Pendant qu'il ne s'agit que de descriptions, d'éloges, ou de portraits, il n'est pas necessaire que l'Orateur soit sçavant ; les tours d'imagination & les traces de son cerveau lui suffisent. Dans ce cas l'esprit n'agit que sur elles : mais s'il est question de quelque verité importante, il faut qu'il soit muni de connoissances distinctes, & qu'à la faveur d'une vive lumiere il apperçoive tous les rapports

B

de son sujet : lumiere qui est la source des veritez morales, & le flambeau des Intelligences. Il faut que l'esprit en tire ses raisons ; & pour leur donner toute la force & toute l'étenduë convenable, il faut qu'il soit instruit à fonds de tout ce qui regarde l'homme & toute la vie humaine.

L'on ne demande pas, comme se l'imaginent quelques Critiques trop prompts, qu'il fasse un débit fastueux de sa science ; mais on prétend qu'elle amenera l'abondance dans le discours, & qu'elle fera servir toute la nature à la fin qu'il se propose.

Representons-nous, je vous prie, un Orateur qui connoît l'ordre de la nature ; qui en connoît les loix, & leurs effets ; qui sçait les causes particulieres de ce qui se passe en lui, & dans le monde corporel : representons-nous un autre Orateur qui n'ait jamais consideré ni l'homme, ni le monde en lui-même ; qui ne soit jamais remonté des effets à leurs causes, ni descendu des causes à leurs effets par des notions pures & distinctes ;

mais qui soit seulement aidé des expe-
riences qu'ont tous les hommes par
le simple usage de leurs sens : lequel
des deux sera plus en état de parler
efficacement sur ce qui regarde l'homme , ses devoirs & sa religion ? Pour
moi je m'imagine voir un pigmée au-
près d'un geant ; & vous m'avouërez
que pendant que l'un ne dit à ses auditeurs que ce qu'ils sçavent comme
lui , l'autre par ses connoissances particulieres remuë dans les siens une infinité de ressorts , dont le mouvement
leur fait envisager des objets qui les
saisissent , & ausquels ils sont hon-
teux de n'avoir pas assez pensé.

Enfin l'un ne persuadera jamais,
l'autre persuadera toûjours. Celui-ci
persuade , parce que fondé en lumiere
il va toûjours , quoique par des voyes
détournées, & en amusant, pour ainsi
dire, l'imagination , il va toûjours à
l'intelligence , d'où non seulement
dépend la conviction interieure , mais
d'où naissent encore ces passions salu-
taires qui sont comme le contre-coup
de la lumiere répanduë,

L'autre ne perfuade point , parce que dépourvû de notions lumineufes il ne s'entend pas lui-même ; & que ne s'entendant pas, il ne peut débiter que des fons pour les oreilles & pour le cerveau : il laiffe fes auditeurs dans la fterilité où il eft lui-même. Si quelquefois il obtient quelque chofe , on le lui accorde comme à un importun, dont on defire de fe défaire.

Je fuppofe neanmoins que les efprits des auditeurs ne foient point emportez par la prévention , & que fans avoir pris parti , ils defirent uniquement connoître ce qui eft vray. Dans cette fituation le faux Orateur pourra les ébranler , mais le feul Orateur Philofophe les gagnera. Il peut arriver que l'éloquence de celui-ci ne faffe aucun effet fur d'autres auditeurs; mais c'eft parce que la préoccupation les aura déja déterminez : il peut arriver de même que celui-là foit applaudi & goûté ; mais c'eft précifément parce qu'il aura favorifé le parti que l'on avoit déja pris , & que l'on ne vouloit pas quitter ; car la prévention &

l'entêtement changent tout. Cette
maladie à part, l'on peut asturer que
le peuple Chrétien n'allant à la Prédication que dans le defir de s'instruire
& de fuivre la verité reconnuë, le
plus grand nombre fe convertiroit, fi
nous n'avions que de veritables Orateurs.

L'on n'a donc pas eu peu raifon
de cenfurer l'Eloquence ordinaire de
la Chaire, & de prétendre que fans
le fondement de tout ce que la Philofophie embraffe fous la direction de
la Foy, l'on ne peut être que fuperfi-
ciel Orateur, toûjours incapable de
penetrer jufqu'à l'efprit & au fond
de l'ame : incapacité d'où s'enfuit le
peu de progrés de la Religion, l'in-
difference fur l'affaire du falut, le re-
lâchement de la Morale, & prefque
l'extinction de la pieté. Pendant que
l'on ne parlera qu'à l'imagination des
hommes, & que l'on ne leur remuëra
ni l'efprit ni le cœur, ils demeureront
dans leurs vieilles habitudes, ils ne
difcerneront point la voye de la verité.

Nos Orateurs en conviennent; mais ils vous disent hardiment que les affections humaines leur sont connuës, & que le grand livre du monde où ils lisent tous les jours, leur suffit pour découvrir le chemin du cœur. Mais comment y lisent-ils dans ce grand livre du monde ? Aveugles ! qui ne voyent pas que pour connoître l'homme, & le mener où l'on veut, il faut connoître les loix selon lesquelles son auteur agit en lui, la liaison des sentimens de l'ame avec les impressions que le cerveau reçoit, la source des idées pures, la source des préjugez, les liens qui nous attachent à tout ce qui nous environne. Quel genre de connoissance est celui qui n'est pas fondé sur ces notions ? Aveugles ! qui ne voyent pas que d'avoir les yeux sur le grand livre du monde, n'est rien, si l'on ne sçait chercher les causes du bien & du mal qui s'y passe ; & que pour découvrir ces causes, & les remedes convenables, il est necessaire que l'esprit soit toûjours élevé au dessus du sensible. Mais il est inutile de leur indiquer les routes de la verité : la mauvaise éducation, l'exemple, les préjugez leur en fermeront toûjours les avenuës ; & dans leurs tenebres l'orgueil leur persuadera toûjours qu'ils ont également l'art & la raison sous la main.

L'on me viendra dire sans doute, que les Apôtres & les Peres n'étoient point de ces Philosophes que je demande : mais je répondrai que quoique la plûpart des Saints n'ayent pas discouru sur les premieres notions de l'esprit, tous leurs discours neanmoins se rapportent à ces notions. Ils étoient Philosophes par la grace, qui abrege bien le travail. Nos Orateurs peuvent le devenir par la même voye. Mais je serois d'avis qu'en attendant ce grand don, ils profitassent de tout ce que l'ordre naturel leur presente, & qu'ils fissent tout l'usage qu'il se peut faire de l'esprit. En un mot, que l'on nous donne des Pauls, des Augustins, des Athanases ; nous ne demandons pas d'autres Docteurs. Je suis, &c.

IV. LETTRE.

De la pratique de l'Eloquence.

VOus me demandez, Monsieur, si l'Eloquence n'est pas aussi ne-cessaire dans le Barreau que dans la Chaire où l'on explique la morale de l'Evangile. Vous pouvez vous satis-faire vous-même en considerant que le Prédicateur parle à des hommes prévenus de mille erreurs, flatez par leur propre corruption, incertains sur les biens de l'ame, puissamment attirez vers les biens du corps, qui trouvent de la douceur dans leurs mi-seres ; & que l'Avocat parle à des Juges qui n'ont autre interêt que de faire rendre à chacun ce qui lui ap-partient. Il est évident que selon le premier objet, il faut employer toute l'adresse imaginable. Ce sont des in-firmes dont il faut détruire les pré-ventions ; ce sont des hommes délicats

dont

dont il faut ménager l'amour propre;
ce ſont des hommes toûjours ſenſi-
bles; tout l'art de l'Eloquence eſt né-
ceſſaire pour tromper leur imagination, & leur inſinuer les véritez ſa-
lutaires. Selon le ſecond objet, tout
cet art eſt ſuperflu : ceux qui jugent
des affaires civiles, ſçavent les loix &
les uſages ; ils ſont fixez à des maxi-
mes ; l'amour propre ne les ſollicite
ni pour un parti ni pour l'autre ; il
ſuffit de leur expoſer ſimplement le
fait & ſes circonſtances ; &'je croi
que l'Eloquence employée devant eux,
leur eſt en quelque façon injurieuſe.
Veut-on les émouvoir ſur ce qui n'eſt
pas juſte ? veut-on les éblouïr, cap-
tiver leur entendement, les ſurpren-
dre ? Et ſi on ne leur demande que la
juſtice, quelle raiſon a-t-on de pen-
ſer qu'ils ne la rendent pas ſur la vérité connuë ? Sont-ce des imbécilles
qu'une chûte de période, & un ordre
de figures puiſſent déterminer ? Si cela
étoit ainſi, où ſeroit l'avantage de la
bonne cauſe ?

Voilà ſur quoi il me ſemble qu'ils
C

n'auroient pas tort de se piquer. Lors
qu'il s'agit de secourir un malade que
la douleur accable, le medecin judi-
cieux expose simplement la cause du
mal, & les proportions du remede
avec la cause. Lorsque dans un Con-
seil politique telle affaire demande
une connoissance exacte & une déci-
sion prompte, l'on ne s'avise pas d'employer l'art des Orateurs. Dans toutes les occasions où il y a des Juges ou
des arbitres établis pour décider par
connoissance de cause, l'Eloquence
est un vain amusement. Aussi étoit-
elle bannie des Tribunaux de la plus
éclatante réputation. L'honneur public & l'interêt de la société commune sollicitent suffisamment des Juges,
l'amour propre se retrouve assez dans
la justice de leurs jugemens, la corruption naturelle n'y met aucun ob-
stacle. Mais dans l'affaire du salut où
chacun est établi juge de soi-même,
le malade aime son mal, le remede
lui fait horreur, la sensualité le ga-
gne, les passions le tyrannisent, l'i-
magination le gouverne. Pour trom-

per tant d'ennemis, & passer, pour ainsi dire, au travers, il faut couvrir d'Eloquence les véritez qui doivent rétablir l'entendement, & rappeller le cœur à son véritable objet. Une telle Eloquence n'a rien de commun avec cette sagesse humaine que des Philosophes Grecs vouloient faire triompher de la simplicité de l'Evangile. La sagesse des Grecs étoit un amas de raisons éblouïssantes, & d'expressions pompeuses contre la sagesse essentielle.

L'Eloquence que j'appuye est un artifice charitable, qui n'a pour but que d'établir les vertus évangeliques: artifice toûjours saint dans cet usage, mais toûjours profane & illusoire, quand il ne s'agit pas des véritez du salut, & de ce qui s'y rapporte.

Vous m'avoüërez qu'hors de ces véritez tout est petit, & que rien n'est plus vain que de donner pour grand ce qui n'est que vanité, & toûjours pure misere. Autant que la politesse & le tour insinuant sont nécessaires dans le commerce de la vie, autant

l'Eloquence, selon l'idée que nous
attachons à ce terme, est superfluë &
importune dans tout ce qui se borne aux affaires temporelles.

Mais il ne suffit pas d'avoir discer-
né les matieres où elle peut être employée, il faut la sçavoir proportion-
ner à l'Auditeur. Comme l'imagination varie dans les hommes selon les
différences de l'éducation & des impressions reçûës, il faut aussi varier
l'Eloquence selon le génie des nations
& l'esprit des sociétez à qui l'on parle. L'Italien, l'Espagnol, le Fran-
çois demandent trois différentes sortes d'Eloquence : la Cour, la Ville
& la Province n'en demandent pas
moins. Le Villageois en veut aussi à
sa maniere : par-tout mêmes véritez,
par-tout différente Eloquence ; par-
tout application aux traces dominan-
tes, qui sont le centre des préventions ; par-tout changement de méthode pour réveiller par ces traces les
accessoires qui s'y rapportent, ou
pour renouveller par celles-ci les do-
minantes ; toûjours pour cet effet em

ployer des figures différentes, &
prendre de nouveaux tours. C'est l'art
d'amener l'auditeur au but que l'on se
propose ; mais c'est un art que l'on
n'acquiert que par une longue étude,
& une aussi longue expérience. Je ne
vous expliquerai pas tout ceci en dé-
tail ; un peu de méditation vous ins-
truira plus que tout ce que je vous
pourrois dire. Je suis, &c.

V. LETTRE.

De l'usage des belles lettres dans l'Eloquence.

APrés vous avoir exposé mes sentimens sur l'Eloquence, je veux
bien, Monsieur, puisque vous le
souhaitez, vous marquer ce que je
pense de tout ce qu'on appelle belles
lettres. Ce que j'ai à vous dire là-
dessus, dépend de ce que je vous ai
déja écrit. L'Eloquence est necessaire
par rapport aux gens du monde dans

la prédication de l'Evangile ; les belles lettres servent beaucoup à perfectionner l'Eloquence : donc les belles lettres peuvent être employées utilement pour l'honneur & le progrés de la Religion. Quelque fécondité de génie qu'ait un Philosophe, quelque beauté d'imagination que la nature lui ait donné, il trouvera encore dans la lecture des anciens Orateurs, des anciens Poëtes & Historiens, dequoi augmenter ses talens naturels.

L'usage du monde, les expériences de la vie, ausquelles on joint la réflexion, polissent l'esprit, & le déterminent à prendre les mesures propres pour se rendre traitable & insinuant. L'on trouve ces expériences & ces précautions dans les Homeres, dans les Hérodotes, dans les Plutarques, & dans les autres. L'on peut donc tirer de grands avantages de la lecture de ces Auteurs, non seulement pour parvenir à l'Eloquence, mais encore pour s'établir dans cette politesse que demande le commerce d'une vie raisonnable.

C'étoit dans cette vûë que les anciens Peres ont dit que nous devions nous servir des tours ingenieux & des pensées brillantes des Poëtes & Orateurs profanes, comme les Juifs se servirent des dépoüilles des Egyptriens pour l'ornement du Tabernacle. Et assurément c'est avoir l'esprit sauvage, & rapprocher de la barbarie, que de songer à proscrire ce que les Auteurs payens nous ont laissé ; c'est outrer la Philosophie, & l'assujettir à une sécheresse qui n'est pardonnable au Philosophe que lors qu'il n'en peut sortir.

Nous voyons de grands abus dans l'usage des belles lettres ; mais il ne faut pas s'en prendre à elles. C'est précisément la faute de ceux qui s'en nourrissent sans être munis des notions d'où dépend la solidité de l'esprit. Ils ne se sont point élevez au dessus du sensible ; ils n'ont point essayé de la lumiere intellectuelle ; ils sont remplis des préjugez de l'éducation commune, & démuez d'idées distinctes ; dans cet état ils étudient

les langues , ils lisent avidement les
Poëtes Grecs & Latins , les fables , les
harangues , les histoires. Que peut-il
arriver de-là , sinon que les préjugez
se fortifient , & que l'imagination
s'exalte , ne trouvant par-tout que
ce qui la rafine ?

Il s'ensuit aussi qu'ils font consister
la science dans la chute & la rencon-
tre des mots , dans la mesure , la ca-
dence & l'harmonie des expressions ,
dans la facilité à faire des images par
contre-coup de ce qui leur a frappé les
sens , dans ce qui n'est que de me-
moire : & comme sur ce pied ils ne
peuvent pas donner de la force à leurs
discours , ni faire naître dans les autres cette lumiere qui convainc dou-
cement & puissamment , nous voyons
aussi qu'ils ne presentent que des om-
bres de raisonnemens , de purs phantômes qui s'évanoüissent , quand on
les regarde de prés. Ce qu'il y a de
plus étrange , c'est que le cœur suit
d'ordinaire les préventions de l'esprit , & qu'ainsi le goût dominant
des belles lettres , & le déregl. ment

des mœurs vont souvent de compagnie.

Le remede à ces inconveniens est de ne se faire homme de belles lettres qu'aprés s'être fait Philosophe. Il faut que l'intelligence regne sur l'imagination : il faut que par-tout la Raison soit la maîtresse, & l'imagination la servante. Il faut donc aussi s'être rendu familieres les idées pures & de perfection avant que de faire provision d'idées sensibles ; il faut s'être dressé au plus exact raisonnement, & avoir connu la nature de tout ce qui se presente à l'esprit.

Nos Poëtes & nos Orateurs, dites-vous, ne raisonnent-ils pas juste ? Ne voit-on pas le bon sens regner d'un bout à l'autre dans plusieurs de leurs ouvrages ? Lisez telle & telle Ode, telle & telle Tragédie, que de raison ! que de force ! que de délicat & de sublime ! C'est le dernier effort de l'esprit humain ; toute sa raison, toute sa pénétration se bornent là. Cependant, ajoûtez-vous, les Auteurs n'étoient point du nombre de vos Philofophes. Voilà une objection qui impofe ; mais fouvenez-vous que l'on raifonne en deux manieres. Nous pouvons raifonner à la faveur de la lumiere qui nous éclaire dans nos perceptions, & qui nous découvrant le prix & la nature des objets , nous donne pour regle de nos choix l'Eftre parfait lui-même. Nous pouvons raifonner en conféquence des impreffions que le cerveau a reçûës , & felon l'ordre de ces impreffions. Cette derniere faculté de raifonner ne fe rapporte qu'au fenfible , elle n'a que l'imagination pour fujet & pour objet. C'eft la part de vos Orateurs & de vos Poëtes : quelque fublime qu'ils prennent foin de lui attribuer , elle eft partie inférieure & infinimene au deffous de l'intelligence pure qui s'éleve à la lumiere dont elle fait toûjours & fa régle & fon flambeau.

Vous trouverez dans cette lumiere la fource des fciences fublimes & de perfection : vous trouverez en vous-même la fource des Mathématiques, dans vos perceptions rélatives à l'é-

tenduë, dans l'idée de l'étenduë, née
avec vous & representative de la matiere. Mais vous ne trouverez la matiere des plus excellentes Tragédies
& de toute la science de bel esprit,
que dans les traces du cerveau, dans
lesquelles l'esprit du Poëte borne ses
jugemens & ses comparaisons. Cette
sorte de science tient donc le dernier
rang. Mais cela n'empêche pas que
le Philosophe ne puisse, comme je
vous l'ai fait voir, l'employer avec
succés pour l'établissement des véritez
essentielles. Je suis, &c.

VI. LETTRE.

De la nature & de l'usage des Mathématiques.

J'Ai toûjours remarqué en vous,
Monsieur, un grand goût pour les
Mathématiques ; mais il me semble
que vous n'en distinguez pas assez la
nature & l'usage. Elles peuvent beau-

coup fervir dans le commerce de la vie humaine. C'eft par le calcul & les mefures que l'on diftingue les fai-fons, & que l'on marque le temps des révolutions des Planetes : elles déterminent les longitudes & latitu-des tant au Ciel, que fur la Terre ; ce qui fert particulierement pour la na-vigation. Elles déterminent l'action des forces oppofées, & le point de leur équilibre : d'où dépend la perfe-ction des machines & la folidité des édifices. Enfin n'y ayant que du plus & du moins dans toutes les parties de la nature corporelle, il faut à tous momens en faire des comparaifons dans les exercices qui regardent le bien du corps : & c'eft précifément la fcien-ce des Mathématiques, dont l'éten-duë par conféquent eft immenfe.

C'eft pourquoi fi vous bornez vos connoiffances aux proprietez de la matiere & aux commoditez de la vie fenfible ; fi vous penfez qu'il n'y ait rien de plus grand, ni de plus utile ; n'étudiez, n'admirez que les Mathé-matiques : obfervez les fituations des

corps céleftes, mefurez tous les rapports de leurs mouvemens, comparez
perpétuellement les forces des différens corps, occupez-vous de leurs
maffes & de leur vîteffe : appliquez-
vous particulierement aux lignes
courbes qu'ils décrivent, remarquez-
en bien les proprietez : pouffez jufqu'aux infiniment petits, & ne mar-
chez jamais fans un crayon & un
compas, pour tracer dans l'occafion
les objets de vôtre efprit. Souvenez-
vous feulement que pour être recher-
ché du publit, & obtenir fon eftime,
il faut lui préparer des chofes ou com-
modes ou agréables. Ce Public eft un
affemblage d'hommes curieux & in-
téreffez, qui en reviennent toûjours
à ce qui flatte les fens. Vous aurez
beau élever vos fpéculations au deffus
de tous les ouvrages de l'art, & en
faire la régle de ce qui part de plus
merveilleux de la main des ouvriers,
l'on préferera toujours à vos plus
exactes démonftrations, à vôtre calcul & à vos lignes ce qu'un excellent
ouvrier travaillera de génie, fans bar-

boüiller sur le papier ni sur l'ardoise.
Ce seront vos régles que l'ouvrier aura suivies sans en pouvoir discourir ;
mais dans la vie humaine le point est
de suivre ces régles, elles ne sont dans
la simple spéculation qu'un amusement à l'esprit ; elles le laissent toûjours dans la disette & dans la stéri-
lité.

Mais si vous voulez connoître ce
que vous êtes, vous occuper pour
vous-même & pour vôtre perfection,
découvrir vos véritables rapports ;
n'être point la dupe du préjugé,
toûjours discerner le vrai d'avec le
faux, le juste d'avec l'injuste, laissez
ce qui appartient à la matiere, ce qui
n'est que situations & figures compa-
rées les unes aux autres, élevez-vous
au dessus de l'étenduë, de tout ce qui
regarde le corps ; une vaste lumiere
se presentera à vous, vôtre attention
vous y fera puiser ; sous sa direction vous entrerez dans les voyes
de la science, vous trouverez le bonheur solide. Pensez-vous que cette
disposition vaille bien la facilité de

comparer des lignes & de calculer ?

Vous prétendez que l'une doit servir à l'autre, & que les Mathématiques donnent à l'esprit la justesse nécessaire dans toutes les autres sciences: permettez-moi de vous dire que vous êtes dans l'erreur. La Dialectique est ce qui rend l'esprit juste. Si les Mathématiciens ont de l'exactitude dans leurs calculs & dans tous les rapports qu'ils comparent, ils la doivent à la Dialectique, selon les régles de laquelle ils posent des axiômes, définissent leurs termes, & forment des propositions sans fin, qui dépendent les unes des autres : mais ce sont des axiômes & des définitions qui ne regardent que l'étenduë. Les autres sciences ont de même leurs axiômes & leurs définitions propres qui n'ont rien de commun avec les notions de la Géometrie.

Vous aurez beaucoup de disposition par les Mathématiques à vous connoître en édifices, en machines, en proportions sensibles ; mais elles se borneront là. Pour discerner la vraie

d'avec la fauſſe politique, les bonnes
d'avec les mauvaiſes loix, tout ce qui
appartient à la morale, elles ne vous
ſerviront de rien. Ce qui eſt ſi vrai,
qu'ordinairement les Mathématiciens
ne trouvent du vrai & du faux qu'autant qu'ils trouvent où meſurer par
des lignes & par des nombres.

Ainſi je vous dis encore, que pour
parvenir aux ſciences ſublimes & eſ-
ſentielles, vous devez munir vôtre
eſprit des notions qui en ſont les pre-
miers principes ; le munir, dis-je,
par l'attention à la lumiere univer-
ſelle des Intelligences. De ces notions
vous tirerez des conſéquences comme
font les Géométres par rapport à leur
objet : vous garderez comme eux les
régles de la Dialectique. Voilà l'eſprit géométre que vous devez ſouhai-
ter.

Les Mathématiciens qui n'ont point
eu de préjugé à combattre, ont mieux
ſuivi ces mêmes régles dans l'étude
de leur ſcience, que les autres ſça-
vans qui par-tout ont trouvé la nature corrompuë en leur chemin. Ce
ſuccès

fuccés des Mathématiciens les a fait
regarder les uns des autres comme les
auteurs des raifonnemens exacts ; mais
il ne s'enfuit pas que la Dialectique
ne foit que pour eux : vous la trouverez en vous-même par l'application
de vôtre efprit à la lumiere qui vous
eft communiquée , & en comparant
ce que vous dicte cette lumiere avec
les expériences de la vie.

Pendant que vous étiez enfant , &
dans l'impuiffance de vous oppofer
au préjugé , vous avez dû par l'ufage
de la régle & du compas vous accoûtumer à vous rendre attentif. Car
toute l'exactitude des fciences depend
de l'attention. Mais aujourd'hui vous
n'êtes pas un enfant , & on ne vous
invite pas à mefurer & calculer ce
qui fe paffe dans la nature corporelle;
vous pouvez rompre fes barrieres , &
élevé au deffus du fenfible confiderer
ce que chaque bien eft en lui-même,
& vos rapports effentiels ; vous le
pouvez, & vous êtes coupable fi vous
ne le faites pas.

Vous craignez que cette contemplation ne suffise pas pour vous occuper. Croyez-moi, elle vous menera plus loin que les Mathématiques, & elle vous remplira d'une joye si solide, que vous regretterez tout le temps que vous n'y aurez pas employé.

Comme un des emplois de l'ame est de travailler pour la conservation du corps, il ne se peut qu'elle ne goûte quelque douceur en avançant dans les Mathématiques qui ont pour fin la vie purement corporelle ; mais comme ce rapport de l'ame au corps est infiniment inférieur au rapport qui est entre elle & le Créateur, elle goûte aussi des douceurs infiniment plus grandes à consulter la lumiere qui lui découvre les voyes de la perfection ; & assurément elle n'a pas besoin de Mathématiques pour se faire des idées justes quand cette lumiere la dirige.

Je ne sçai pas quel usage vous ferez de cette Lettre ; mais vous devez juger que je l'ai écrite dans un entier desinteressement. Je n'ai aucunement prétendu rabaisser les Mathématiques, mais seulement en marquer la juste

valeur. Car comme il est ridicule de
mépriser aucune science, il y a danger aussi d'estimer l'une ou l'autre plus
qu'elles ne valent. Vous m'en direz
vôtre sentiment. Je suis, &c.

VII. LETTRE.

Sur le même sujet.

J'Ai déja répondu par avance, Monsieur, aux objections que vous me
faites en faveur des Mathématiques.
Vous en faites la véritable Dialectique, & il n'y a qu'elles selon vous
qui puissent nous donner accés aux
autres Sciences : c'est que vous con-
fondez toûjours la connoissance des
rapports des lignes & des nombres
avec l'esprit dialectique en général.

Sans l'esprit dialectique, c'est-à-
dire, sans l'esprit de clarté, d'exactitude & de précision, il n'y a point
de progrés à esperer dans les Sciences.
Cela est certain : mais on peut acque-

rir cet esprit sans comparer ni des nombres ni des lignes, du moins sans en faire une étude, & prenant seulement pour exemple ce qu'il y a de plus commun & de connu de tout le monde.

Quand il s'agit de l'étenduë ou matiere, l'esprit dialectique dépend de l'attention aux idées de figures & de mouvemens : mais quand il s'agit du gouvernement & de la conduite de la vie, il dépend de l'attention à la lumiere qui nous est communiquée à tous pour nôtre perfection. Toutes les idées qui se rapportent à la matiere, sont en nous-mêmes, & point différentes de l'ame ; elles ne regardent que la vie corporelle : mais la lumiere qui tend à nous rendre parfaits, est hors de nous ; elle ne se prête à l'esprit que pour la vie intellectuelle. Ainsi l'esprit géométre qui s'attache aux nombres & aux lignes, n'a rien de commun avec l'esprit de clarté qui s'attache aux sciences de perfection. Ce qui est nécessaire pour l'un & pour l'autre, c'est une exacte Dialectique, qui consiste à discerner les idées distinctes d'avec les idées confuses, & à distinguer exactement les termes qui les expriment ; à ne joindre au sujet que l'attribut qui lui convient, & à trouver un moyen qui fasse appercevoir surement la convenance de l'un & de l'autre : opérations toutes simples, & dans lesquelles l'Auteur de la nature nous conduit comme par la main.

Il est vrai, comme je vous l'ai déja fait remarquer, que les Géométres qui n'ont point été séduits du préjugé, ont parfaitement suivi cet ordre que la raison découvre ; & que ceux qui ont écrit des qualitez des substances, & des régles de la vie, l'ont mal suivi : mais on peut en revenant sur ses pas retrouver ce même ordre & le suivre ; il n'est point nécessaire pour y parvenir, d'avoir recours aux Géométres. Cet ordre étoit avant eux ; ils ont pû le suivre pour prouver les rapports des lignes & des nombres ; nous le suivrons de même, si nous voulons, pour établir les fon-

demens de la vie raisonnable ; ils ont
leurs idées d'étenduë, nous avons les
nôtres de perfection : nous pouvons
les uns & les autres mettre nos idées
en œuvre : ils peuvent puiser dans
leurs propres perceptions, dans l'idée
de l'étenduë, née avec eux ; nous
pouvons puiser dans la lumiere uni-
verselle des esprits qui subsistoit avant
le monde, & qui ne s'éteindra jamais.

Ainsi ne dites plus que les bons livres de Morale & de Politique, de
Critique & d'Eloquence doivent l'ordre & la précision que nous y trou-
vons, à la Géométrie de leurs Auteurs. Ils pouvoient être Géométres
ces Auteurs ; mais ce fut par la clarté
de leurs idées & par la Dialectique,
qu'ils mirent de l'ordre & de la précision dans leurs livres : la Géométrie n'a que faire là.

L'exactitude à comparer des lignes
& des nombres *plie*, pour ainsi dire,
l'esprit au *vrai* ; mais c'est au *vrai* qui
regarde la matiere : ce *vrai* n'a rien
de commun avec le *vrai* qui regarde

la perfection. Les véritez s'éclaircis-
sent les unes par les autres ; mais ce
sont les véritez d'un même ordre ,
celles qui ne sont que des rapports de
lignes , n'atteignent point à celles
d'où dépend la sagesse des esprits : les
unes & les autres sont de deux or-
dres trop différens. Les Mathématiques nous rendent le *vrai* familier ;
mais encore une fois c'est le *vrai* nu-
mérique & géométrique : le *vrai* mé-
taphysique n'est pas de leur ressort,
il est trop au dessus d'elles. L'on ne
reconnoît cette derniere espece de
vrai *au premier coup d'œil & presque
par instinct*, que par l'habitude de s'é-
lever au dessus de soi-même, qu'a-
prés avoir bien connu les substances,
& s'être rendu familiers les rapports
qu'elles ont entre elles.

Ce n'est point parce qu'un Descar-
tes fut Géométre, qu'il devint grand
Philosophe ; il fut excellent Géométre , parce qu'il sçavoit raisonner.
Qui peut le plus peut le moins ; s'il
étoit capable des raisonnemens subli-
mes, il l'étoit à plus forte raison de

ceux qui n'ont que la matiere pour
objet : il suivit dans les uns & dans
les autres la même méthode , mais
sous des directions infiniment différentes. Quand il lui arrivoit de raisonner mal sur la Nature ou la Morale , ce n'étoit pas sa Géométrie qui
l'abandonnoit ; c'étoit le préjugé qui
le gagnoit , & l'art de raisonner qu'il
négligeoit.

Le charme , dites-vous , que l'on
éprouve dans les *sèches observations de
l'Algébre* , est la plus forte preuve que
l'esprit est né pour la vérité : mais l'esprit n'est pas né pour le vrai de l'Algébre. L'inquietude qu'il éprouve
dans les voyes de l'erreur , marque
sensiblement que la vérité est l'objet
qu'il doit uniquement embrasser : la
douceur qu'il goûte à la découvrir est
aussi une preuve qu'il est né pour elle;
mais comme c'est l'absence de la vérité de perfection & de justice qui
met l'ame dans l'inquietude & dans le
trouble , il n'y a aussi que la presence
de la même vérité qui lui donne une
joye solide. Ainsi ce *charme* qu'é-
prouvent

prouvent vos hommes d'Algébre,
pourroit bien être de ceux qu'éprou-
vent les curieux d'étymologies; quand
ils ont pû remonter jufqu'à la fource
d'un mot, ils fe trouvent alors dans
une tres-fenfible fatisfaction. Ce n'eft
pas apparemment de ces joyes-là que
vous cherchez.

Vous ajoûtez qu'à ne prendre
les hommes que dans l'état naturel, rien ne leur eft plus utile que
la connoiffance des Arts d'où dépend la confervation de la vie. Mais
à les prendre dans l'état de la grace,
où nous vivons, eft-ce encore la même chofe ? Dans l'état purement naturel aurions-nous un plus grand interêt que de nous connoître nous-
mêmes, & de fuivre la lumiere du
Créateur ? Les Arts font néceffaires à
la vie, mais c'eft à la vie corporelle ;
la vie de l'ame, que nous ne pouvons
trouver que dans les véritez effentiel-
les de juftice & de perfection, eft, ce
me femble, préferable & capable de
nous occuper. D'ailleurs la néceffité
des Arts ne rend pas néceffaires les

E

observations séches de l'Algébre. L'on
a beau dire que toutes les découvertes
qui paroissent stériles, ne le sont pas ;
que plusieurs ne le sont que pour un
temps ; & que ce qui n'a semblé qu'un
jeu d'esprit, vient quelquefois à pro-
duire de grandes commoditez : un
seul exemple pour le prouver ne suffit pas ; elles sont presque toûjours
stériles. Cela suffit pour donner aux
ouvriers qui travaillent de génie, un
avantage infini au dessus des simples
spéculatifs.

J'avouë que l'usage des *observations séches de l'Algébre* devroit être
d'accoûtumer l'esprit à vaincre la lé-
géreté ordinaire aux hommes de juger sans connoître, & de lui donner
l'habitude de n'admettre que ce qu'il
auroit clairement compris. Mais nous
avons l'expérience d'effets contraires.
Nous voyons trop souvent des obser-
vateurs qui jugent de tout, & qui reçoivent tout comme le commun des
hommes : leur attention les abandon-
ne, quand il ne s'agit plus ni de lignes ni de nombres : nous voyons

même qu'ils négligent assez ce qui
ne s'exprime ni par des nombres ni
par des lignes, ou qu'ils veulent y
assujettir ce qui ne peut être repre-
senté aux sens. Je vous en ai averti.

Cette disposition ne se trouve pas
dans ceux que l'éducation & l'étude
ont élevez au dessus des préjugez po-
pulaires, & munis des grandes notions, d'où dépend la perfection de
l'esprit. Mais observez nos jeunes
Mathématiciens, & jugez s'ils s'in-
teressent fort pour les véritez capita-
les, ou s'ils veulent connoître autre
chose que la matiere & les rapports
de ses parties & de ses mouvemens.

Le reméde à cette prévention est de
ne point trop donner aux enfans le
goût des Mathématiques, & de ne
leur en faire apprendre qu'autant que
ce qu'ils doivent sçavoir de Physique
Je demande, & pour les accoûtumer
à se rendre attentifs dans tout ce qui
regarde la vie humaine & raisonnable. Elles seront assez poussées par
ceux que le Public en a chargez, &
que leur génie y entraîne. Pendant

qu'ils s'exercent fur la matiere, exerçons-nous fur la lumiere qui nous invite à la perfection ; cherchons fous fa direction ce qui fait le bon citoyen, le bon ami, le bon pere de famille ; cherchons le prix de chaque chofe, & ce qui rend l'homme jufte. De cette meditation dépend le bonheur de la vie.

Il ne vous refte, ce me femble, à m'oppofer que l'autorité de Platon, qui écrivit à l'entrée de fon Académie, que perfonne n'y entrât fans être Géométre. Mais ou Platon ne parloit qu'à ceux qui vouloient être fimplement Phyficiens ; ou par *Géométrie* il entendoit l'efprit dialectique dont les Géométres ont fait ufage dans leur fcience ; ou en un mot, Platon ne fçavoit pas trop bien ce qu'il difoit. Vous voudrez bien me permettre cette liberté philofophique, Je fuis, &c.

VIII. LETTRE

*Sur l'objet des Géomêtres, & sur
celui des Philosophes.*

IL faut que je me défende, Monsieur, sur le reproche que vous me
faites. J'ai bien changé, dites-vous.
Aprés avoir soûtenu tant de fois,
que la substance même de l'Estre parfait étoit la source où les Mathématiciens puisoient, je fais entendre aujourd'hui qu'ils tirent tout de leurs
propres perceptions, & que la lumiere ne les conduit point dans leur
science. Ils voyent pourtant bien
clair, ajoûtez-vous ; & s'il n'y a de
lumiere qu'en Dieu, il faut que ce
soit la lumiere de Dieu même qui les
éclaire : ce qui est une bonne preuve
de la nécessité des Mathématiques
pour l'acquisition des autres Sciences.

Je répons 1°. que vous poussez ici
l'opinion des Mathématiques à l'ex-

cés. Si la lumiere divine éclaire l'esprit dans la Géométrie, elle le conduit à plus forte raison dans l'étude de la Morale & de la sagesse. Et comme il n'est pas nécessaire de sçavoir la Morale pour devenir Mathématicien, il n'y a nulle liaison aussi des Mathématiques avec la Morale qui a ses principes simples & distincts, comme la Géométrie a les siens.

2°. Que j'ai eu tort d'imaginer la substance de Dieu comme étenduë & representative de la matiere. Je n'y avois pas fait assez de réflexion. Où en serions-nous si nous appercevions les proprietez de l'étenduë, & l'Estre parfait lui-même dans une même substance ? Voici comme je m'explique presentement.

Nôtre ame a deux rapports ; l'un à l'Estre parfait, qui est son Auteur ; l'autre au corps qu'elle doit conserver. Pendant qu'elle suit le premier rapport, elle est sous la direction de la lumiere naturelle, qui lui découvre la régle des mœurs & les voyes de la sagesse. Pendant qu'elle s'appli-

que à la confervation de la vie corporelle & fenfible, elle n'eſt dirigée
que par fes propres perceptions rélatives à la matiere : fa lumiere eſt dans
fes perceptions, lumiere ténébreufe
comparée avec celle que nous pouvons contempler pour nous rendre
parfaits ; mais affez bonne par rapport à ce qui eſt purement corporel.
C'eſt une fuite naturelle de la fubor-
dination des fubſtances. Dieu eſt au-
deffus de l'ame ; il faut que dans ce
qui la regarde effentiellement, elle
foit conduite par la lumiere de Dieu
même ; elle ne peut trouver l'Eſtre
parfait, & en faire fon modéle, qu'à
la faveur de la lumiere de l'Eſtre parfait. L'ame eſt au-deffus du corps,
& deſtinée à le conduire ; elle doit
trouver en elle-même dequoi connoître le corps, & tout ce qui convient
au corps. Ainſi toute la clarté de la
fcience des Mathématiciens eſt dans
l'exactitude du rapport de leurs perceptions à la diviſibilité de la matiere,
dont ils ont une idée ou perception
innée & générale : perception qui

E iiij

dure autant que l'union de l'ame avec le corps, & qui est comme le fonds où ils travaillent par l'attention. C'est-là qu'ils trouvent les nombres, toutes les quantitez & leurs rapports; les quantitez, en concevant des lignes & des surfaces; les nombres, en concevant des quantitez doubles, triples, décuples les unes des autres.

Enfin tout est profane dans les Mathématiques; elles n'ont pour objet ou que la satisfaction d'une vaine curiosité, ou que des arts qui se terminent au bien du corps, & qui trop souvent ne font que servir à l'ambition des hommes: elles ne sont donc point dirigées par la lumiere éternelle. Tout est saint dans cette lumiere; elle ne doit se communiquer à nous que pour nous rendre parfaits. Aussi est-elle l'objet du Philosophe, comme l'étenduë est l'objet du Géométre.

La matiere & les rapports de ses parties ne sont pas un objet digne d'une pure Intelligence, capable de s'unir à l'Estre infiniment parfait. L'ame ne doit donc avoir d'idée per-

manente de la matiere, qu'autant que
son état l'oblige à travailler pour un
corps. Vous verrez toutes ces que‑
stions dans un Traité fait exprés.

Je m'étois engagé dans un senti‑
ment contraire sur des raisons appa‑
rentes, & par la foiblesse de celles
qu'on y opposoit. Je trouvois du su‑
blime à considérer une correspon‑
dance perpétuelle de l'action d'une
étenduë divine sur mon ame, à l'action
d'une étenduë matérielle sur mes or‑
ganes. J'étois charmé de me repre‑
senter mon ame comme immédiate‑
ment unie à un corps intelligible &
immortel dans une substance éter‑
nelle. Jugez jusqu'où l'on peut pous‑
ser la spéculation sur ce plan. J'étois
content de trouver par-tout l'Estre
universel sous toutes sortes de formes
intelligibles, & de penser que c'étoit
l'union de ces formes & de mon ame
dans mes perceptions, qui faisoit tous
les biens & tous les maux de ma vie.
J'en parle même encore avec plaisir.
Mais qu'il y a de différence entre ce
qui plaît à l'imagination, & ce qui

est vrai à l'esprit ! J'espere qu'un jour
vous en serez un bon témoin.   Je
suis, &c.

IX. LETTRE.

De la nature & de l'usage de la Peinture, de la Poësie, & de la Musique.

IL faut, Monsieur, puisque vous le
souhaitez encore, que je vous dise
ce que je pense des beaux Arts, prin-
cipalement de la Peinture, de la Poësie & de la Musique, dont vous dites
que les hommes paroissent enchantez,
Pour juger du prix d'un objet, il ne
faut pas considérer s'il enchante les
hommes ; il faut le considérer en lui-
même, & chercher à quoi il peut
aboutir.

La Peinture, la Poësie & la Musique coulent d'une même source ; elles
ont les mêmes fondemens, elles ont
une même fin. Le Peintre forme des

images par le pinceau, le Muſicien réveille celles du cerveau par la voix, le Poëte les exprime par la parole. Ces expreſſions extérieures ſuppoſent d'une part des images archétypes reçûës par l'impreſſion de tout ce qui frappe les organes des ſens; & de l'autre, une infinité de perceptions dans l'ame rélatives à ces mêmes images.

Un bon Peintre a le cerveau d'une trempe heureuſe, les fibres en ſont ſi déliées & ſi pliantes, qu'elles reçoivent & retiennent l'impreſſion de tous les traits d'un objet extérieur dans toutes ſes circonſtances. En conſéquence de tant d'impreſſions, l'ame eſt comme ſaiſie d'autant de perceptions rélatives à tous ces traits. Ces mêmes perceptions ſont réciproquement accompagnées d'un mouvement d'eſprits qui rayonnent autour de l'image formée dans le cerveau, & qui ſe répandant vivement depuis cette même image juſqu'aux extrémitez des doigts du Peintre, remuënt le pinceau d'une maniere propre à former une autre image parfaitement rélative à celle d'où ils sont partis.

Il ne manque au Poëte que l'usage du pinceau pour faire tout ce que fait le Peintre. Ce sont mêmes impressions dans le cerveau, mêmes saillies, mêmes mouvemens d'esprits qui se répandent dans les organes de la voix, & y forment les paroles, ausquelles nous avons attaché nos perceptions rélatives aux traits & aux situations de chaque objet extérieur : ses paroles prononcées ou écrites font sur le cerveau le même effet que les tableaux. Il sçait même, en renouvellant les traces déja formées dans son cerveau, représenter par les assemblages qu'il en fait, des objets qui ne se trouvent point dans la nature extérieure. Le torrent impétueux des esprits dont son cerveau est agité, lui fait faire ces assemblages ; & l'expression qu'il en fait au dehors par ses paroles, fournit encore au Peintre dequoi enrichir son Art.

Le Musicien n'ayant reçu que par l'oreille les impressions d'où dépend le sien, fait des images à sa maniere:

Les cris de joye, d'admiration, de crainte, de douleur, d'accablement ont frappé son cerveau : le langage de l'amour, de la haine, de l'indifférence, de la fureur, de la tristesse, de la langueur en ont fléchi les fibres ; son ame émûë selon les loix de l'union qu'elle a avec le corps, fait prendre aux esprits en conséquence de ses émotions, de nouveaux mouvemens ; & par les tremouslemens qu'ils reçoivent dans les organes de la voix, ils y forment les différens tons de la Musique. Le Musicien n'a qu'à mettre dans ces mêmes tons les rapports que l'expérience lui a appris s'accommoder avec l'oreille. Aprés cela il ne manque jamais d'exciter dans les autres les mêmes émotions qu'il éprouve en lui-même : il peint, pour ainsi dire, les passions, & les fait naître des tons qu'il a mesurez.

Voilà d'où dépend le charme de vos Arts enchanteurs. L'ame y est en effet toute occupée de ce qui touche les sens, de ce qui les réveille & les anime ; elle ne regarde que la nature

corporelle & les senfations qui s'y
rapportent. Si elle raifonne, c'eft
uniquement fur les traces regnantes
dans le cerveau, & en comparant enfemble des perceptions uniquement
rélatives au corps, felon les expériences qu'elle a de ce qui émeut les
affections. Habile eft celui qui fait
ces comparaifons exactement & dans
toutes les circonftances que la nature
prefente aux fens. Un Peintre, un
Poëte, ou un Muficien, dont le
cerveau eft dur & remué d'efprits
groffiers, les fait mal ; n'attrapant
que ce que la nature a de moins fin,
il ne fait que des images qu'on mé-
prife.

Mais quelque excellent qu'il foit,
les raifonnemens qu'il fait dans l'exer-
cice de fon Art, font deftituez de lumiere ; il eft plongé dans l'imagination, livré à ce qu'on appelle phantômes ; il n'a pour guide que fes perceptions rélatives aux objets qu'il re-
trace.

Cependant comme dans l'ordre naturel l'Imagination eft la fervante de

la Raison, des Tableaux & une Mufique peuvent auffi amufer innocem-
ment la fenfibilité naturelle, pendant
que des véritez falutaites pénétrent
jufqu'à l'intelligence, & foûmettent
l'ame à la lumiere d'où elles éma-
nent ; il ne faut pour ce bon effet
que des difpofitions intérieures que la
Foi & la Charité produifent.

En général la Mufique, même la
plus autorifée, eft un écueil. Ses mo-
dulations & fes confonances réveillent indifferemment par elles-mêmes
les affections pour les vrais & pour
les faux biens : mais des ames déja
enchantées par le commerce de la
vie, ne manquent gueres de rappor-
ter leurs émotions à ce qui eft purement fenfible. Le Muficien a interêê
de s'accommoder à cette difpofition
générale : auffi ne penfe-t-il dans fes
accords qu'à flater les fens, & à
paffionner les cœurs ; & ils fuivent
toûjours fon defir.

Un Poëte aura voulu fpiritualifer
fa Poëfie, ne penfez pas qu'il tienne
ferme dans le myftique ou le moral

qu'il a entamé : il n'y donne que du brillant, & rentre aussi-tôt dans les fictions, dans le profane & dans la fable : ce qu'il a élevé d'une main, il sçait le détruire de l'autre. Ecoutez le plus délicat & le plus fameux.

a Pallida mors æquo pulsat pede pau-
    perum tabernas
Regumque turres, ò beate Sexti !
Vita summa brevis spem nos vetat in-
    choare longam.
Jam te premet nox , fabulaque manes,
Et domus exilis Plutonia ; quò simul
    meâris ,
Nec regna vini sortiere talis ,

b Nec tenerum Lycidam mirabere, que
    calet juventus
Nunc omnis , & mox virgines tepebunt.

c Integer vita scelerisque purus
Non eget Mauris jaculis, neque arcu,
Nec venenatis . . . . . .

d Namque me sylvâ lupus in Sabinâ,
Dum meam canto Lalagen , & ultra

<hr>

a Hor. lib. 1. Ode 4. *b* Hor. ibid. *c* Hor. lib. 1. Ode 11. *d* Hor. ibid.

Terminum

Terminum curis vagor expeditus,
Fugit inermem.

C'eſt que l'objet de ſon Art eſt de plaî-
re, d'éblouïr, d'enchanter, d'animer
les paſſions ; il en revient toûjours
là, & il y réuſſit toûjours.

Le Peintre ſuit la même route ; mais
ſçachant que ſon Art n'a qu'un langage muet, & ne peut peindre ni
les biens ni les maux intérieurs, il
veut ſe dédommager par figures &
perſonnages ; il peint toute la nature
viſible, & en faveur de la paſſion la
plus flateuſe du cœur humain, ſou-
vent il expoſe aux yeux ce qui offenſe
la pudeur : alors il touche vivement,
& par-là il remedie à la diſette de
ſon pinceau.

Voilà vos Orphées & vos Am-
phions, vos Anacréons & vos Hora-
ces, vos Phidias & vos Apellés.
Vous voyez leur but, leurs principes, leur objet, les effets de leur
Art. Jugez ſi ſans danger l'on peut
ſe familiariſer avec eux, lorſque l'eſprit n'eſt pas muni des notions lu-

mineuses qui l'élevent au-dessus du
sensible.

Dans tous les temps la prospérité
des nations a suscité de ces hommes,
dont le génie trouve les occasions de
se cultiver dans l'abondance publique. Le luxe toûjours de concert avec
la sensualité que les temps heureux
réveillent, les a élevez ; ils entretien-
nent la sensualité & le luxe. C'est
qu'alors la servante est devenuë la
maîtresse , l'imagination a pris l'em-
pire ; & comme dans son usurpation
les hommes généralement lui applau-
dissent , elle pousse aussi de plus en
plus sa tyrannie. Mais une telle disposition produit bien-tôt le mépris
des Loix & de la Morale ; & de ce
mépris quels maux n'arrive-t-il pas ?

Pesez bien ce que la Peinture , la
Poësie & la Musique ont de fort &
de foible ; lisez en , si vous le pouvez , tous les ouvrages ; cherchez les
causes de ce jeu de cerveau & des émotions qui le suivent. Mais ne soyez
ni Peintre , ni Poëte , ni Musicien ;
abandonnez le païs de l'imagination

à ceux que leur sensibilité entraîne, &
qui par leur éducation & les circonftances de leur vie, ne connoissent
rien de meilleur. L'imagination doit
aux sens tout ce qu'elle est, tout son
fonds, toutes ses richesses : qu'elle
rende aux sens ce qu'elle en a reçu.
Elevez-vous à la lumiere des Intelligences ; faites-en vôtre unique objet,
& vôtre éternelle directrice. Par-là
vous ne serez pas de ce monde, il ne
vous jugera propre à rien : mais vous
serez à couvert des passions qui le
troublent, & qui le déchirent. Par
les hautes véritez que le soleil inté-
rieur vous découvrira, vous goûterez
des douceurs d'autant plus solides,
que le monde dans ses dissipations, &
la troupe des faux sçavans sont moins
en état de les comprendre. Je suis, &c.

Permis d'imprimer. Ce 19. Mars 1704.
M. R. DE VOYER D'ARGENSON.

www.ingramcontent.com/pod-product-compliance
Ingram Content Group UK Ltd.
Pitfield, Milton Keynes, MK11 3LW, UK
UKHW021648130726
13696UKWH00004B/1488